AF456197

A Monsieur le Dr. Emile Bégin ;
hommage de l'Auteur.

DES CAUSES MORALES

de l'Insuffisance et de la Surabondance périodiques de la Production du Blé en France.

DES CAUSES MORALES

DE L'INSUFFISANCE ET DE LA SURABONDANCE

PÉRIODIQUES

DE LA

PRODUCTION DU BLÉ

EN FRANCE

Par le Dr J.-Ch. HERPIN (de Metz).

EXTRAIT

DES

SÉANCES DU CONGRÈS SCIENTIFIQUE DE FRANCE,

TENU A CHERBOURG EN SEPTEMBRE 1860

CHERBOURG

AUGUSTE MOUCHEL, IMPRIMEUR-LIBRAIRE.

DES CAUSES MORALES

DE

l'Insuffisance et de la Surabondance périodiques

DE LA

PRODUCTION DU BLÉ EN FRANCE.

Les causes des disettes ou chertés de blé sont de deux ordres: 1° les causes physiques et naturelles; 2° les causes économiques, administratives, etc., et dépendant du fait de l'homme, nous les appelons causes *morales*.

La cause *physique* est l'intempérie des saisons, laquelle, malgré tous les soins humains, peut détruire une partie de nos récoltes.

Cette cause est d'autant plus grave qu'il n'est pas en notre pouvoir de l'empêcher. Cependant on peut, jusqu'à un certain point, en prévenir et en atténuer les funestes conséquences par une extension plus considérable de la culture des céréales.

Nous verrons, au surplus, que cette cause des disettes est moins fréquente et moins désastreuse qu'on ne le suppose généralement. L'abondance et la disette, le haut ou le bas prix du blé ne résultent pas toujours directement ni subitement d'une bonne ou d'une mauvaise récolte. Quelle que soit celle-ci, le prix des grains va en augmentant d'une manière *régulière* et *graduelle* pendant une période de 4, 5 ou 6 années, après lesquelles vient une période de décroissance ou de diminution, également *régulière* et *progressive*, qui est suivie d'une nouvelle période d'augmentation, et ainsi de suite (1).

Est-ce à l'épuisement du sol occasioné par une récolte très abondante qu'il faut attribuer cette diminution constante dans la production, qui vient à la suite d'une année d'abondance ?

Nous ne le pensons pas, car le blé ne revient dans la même terre qu'après un intervalle de 3 et 4 ans.

L'examen des tableaux météorologiques ne nous explique pas non plus les causes de cette périodicité.

C'est aux causes morales, c'est-à-dire *politiques, administratives, commerciales*, en un mot, à celles qui proviennent du *fait de l'homme* lui-même, et auxquelles, par conséquent, il

(1) Voir le tableau page 22.

peut apporter du remède, que nous attribuons, en grande partie, les disettes et les variations excessives du prix des grains. Telles sont : le défaut d'équilibre entre la production et la consommation, l'insuffisance des cultures, de la production, des approvisionnements et des relations commerciales, une législation défectueuse, les guerres, les troubles intérieurs, etc.

Les moyens de prévenir les disettes et la cherté des blés ou d'y remédier peuvent être rapportés à quatre chefs principaux:

1° Conservation et réserve des grains dans les années abondantes pour les années insuffisantes ou de déficit;

2° Importation des blés étrangers ;

3° Emploi ou substitution d'autres substances alimentaires, la viande, l'orge, le riz, le maïs, les pommes de terre, etc.;

4° Augmentation de la culture et de la production des céréales en France.

De ces divers moyens, il n'en est qu'un seul sur lequel on puisse compter avec certitude. C'est l'augmentation de la production ; les autres ne sont que des palliatifs insuffisants, comme nous le démontrerons bientôt. Toutefois ces divers moyens réunis et combinés ensemble dans une juste mesure, peuvent très bien atteindre le but.

1° RÉSERVES ET CONSERVATION DE BLÉ.

Dans un mémoire fort intéressant publié par le comte Abel Hugo, sur les moyens de prévenir les disettes en France, cet honorable économiste a proposé la création de *Magasins conservateurs* contenant de 100 à 1,000 hectolitres de grain, établis dans un grand nombre de localités, construits d'après les meilleurs procédés de conservation, et dans lesquels les cultivateurs viendraient déposer leurs blés en réserve, contre un certificat de dépôt, au moyen duquel ils pourraient obtenir d'une institution de crédit des avances de fonds à un faible intérêt.

Selon le comte Abel Hugo, la France produit assez de blé pour sa consommation ; mais une quantité considérable de ce grain est gâtée, dévorée dans les meules et les greniers par les animaux nuisibles et les insectes destructeurs. D'après l'estimation d'Abel Hugo, cette quantité ne serait pas moindre de 8,900,000 hectolitres par an, représentant une somme de 134,816,730 fr., c'est-à-dire 3 ou 4 fois de plus que le déficit des années de disette ou l'équivalent de la consommation totale du pays pendant 37 jours 1/2.

Tout le problème de la question des disettes, selon le comte Hugo, se réduirait presque uniquement aux moyens de soustraire les blés à l'action des animaux destructeurs.

Depuis bien des années nous nous sommes occupé des moyens de destruction des insectes nuisibles à l'agriculture, et spécialement de l'Alucite et du Charançon; nous avons malheureusement pu constater par nous-même l'étendue des ravages occasionés par les myriades de ces petits insectes, auxquels on semble faire d'autant moins d'attention qu'ils sont plus dangereux.

Nous avons signalé, il y a 25 ans, l'invasion et la marche progressive de l'Alucite dans les départements du centre de la France ; nous avons appelé avec les plus vives instances l'attention de la Société impériale et centrale d'Agriculture sur ce fléau, dont malheureusement on n'appréciera l'énormité que quand l'insecte aura pénétré dans les riches plaines de la Beauce et de la Brie (1).

Les pertes occasionés par cette cause sont considérables sans doute ; mais cependant nous ne pensons pas toutefois qu'elles s'élèvent à plus de trois millions d'hectolitres par année ou 3 % du total des récoltes emmagasinées.

L'usage des silos souterrains en maçonnerie ou en bois, avec soustraction constante de l'humidité en excès, diminuerait considérablement les pertes (2); mais la conservation du blé prolongée pendant plusieurs années de suite, ne peut jamais être, commercialement parlant, qu'une opération incertaine, fort dispendieuse, souvent même ruineuse, comme nous allons le faire voir.

Quelques perfectionnés que puissent être les procédés pour conserver les blés pendant plusieurs années, il est douteux cependant que ces moyens seuls puissent nous garantir d'une

(1) *Herpin.* — Recherches sur la destruction de l'Alucite, — Annales de l'Agriculture française, juin 1836.

Idem. — Mémoire sur divers insectes nuisibles à l'Agriculture, couronné par la Société impériale et centrale d'Agriculture, en 1842. — Mémoires de la Société, 1850. — L'Académie des Sciences a décerné pour cet objet, en 1854, un prix Monthyon à M. Herpin.

(2) *Herpin.* — Mémoire sur la conservation des blés dans les silos souterrains, — Annales de l'Agriculture française, 1856.

manière absolue, contre les désastres occasionés par l'insuffisance périodique des récoltes.

Il est plus douteux encore que la spéculation et le commerce les mettent jamais à profit.

En effet, du blé qui aurait été acheté en 1848 et 49, à bas prix, et qui aurait été gardé depuis ce temps jusqu'en 1857, aurait coûté au commerçant qui aurait fait cette spéculation, autant qu'il n'aurait pu le vendre dans les années de grande cherté que nous venons de traverser.

Au prix d'achat primitif il faut ajouter 1° les frais de conservation, de manutention, le loyer du grenier, etc.; 2° un certain déchet ou la perte qui a lieu annuellement sur le blé conservé; 3° les intérêts capitalisés de toutes ces sommes.

Cette opération n'aurait donc produit aucun bénéfice à celui qui l'aurait tentée ou du moins ne lui aurait-elle donné que des bénéfices très faibles et insuffisants pour compenser les nombreuses chances de pertes auxquelles il est exposé; car si cette dernière année avait été moyennement abondante, les blés conservés n'auraient pu être vendus qu'à perte, c'est-à-dire au-dessous du *prix coûtant* ou de revient. Or, à l'époque où nous vivons, dans un siècle où l'on connaît si bien la valeur de l'argent, où l'on calcule si minutieusement le produit des intérêts simples et composés, on ne doit pas espérer que la spéculation se livre jamais à de grandes entreprises de conservation des blés pendant plusieurs années. C'est une opération ruineuse; les particuliers et l'État y ont renoncé, et ils ont abandonné depuis longtemps ces réserves que l'on appelait autrefois des greniers d'abondance.

Lasteyrie a donné le calcul suivant des frais que coûtait la conservation du blé dans les greniers de la réserve, destinée à l'approvisionnement de la capitale.

Les greniers d'abondance de Paris, contenant 82,000 quintaux métriques, c'est-à-dire la quantité de blé nécessaire à l'approvisionnement pendant 24 jours (1,600 sacs de farine par jour) ont coûté six millions pour leur construction :

Soit intérêts..................	600.000 fr.	
Réparation des bâtiments..	20.000	
Déchets du grain, garde, manipulation	180.000	(à raison de 2 fr. par quintal métrique).
Total......	800.000 fr.	

de dépense annuelle, à quoi il faut ajouter les intérêts du capital employé à l'achat du blé.

La ville de Paris a renoncé à entretenir ses greniers d'abondance, où la garde d'un hectolitre de blé lui coûtait annuellement 3 fr. 75.

Pour les blés conservés dans les greniers, comme on le pratique d'ordinaire, on estime que le déchet, les frais de criblage, de pelletage, de manutention, etc., s'élèvent à 2 fr. par quintal métrique ou 1 fr. 50 par hectolitre et par année, non compris, bien entendu, le loyer du bâtiment, les impôts, les réparations, etc.

Quant au blé qui serait conservé dans les silos, c'est-à-dire de la manière la plus économique possible, le prix de revient serait encore trop cher, ainsi qu'on peut le voir par le calcul suivant :

Soit un hectolitre de blé de bonne qualité coûtant (frais de conduite et d'ensilage compris).	20 fr.	»» c.
Construction, amortissement, réparations du silo (de 4 fr. par hectolitre, à 10 % par an), pour 5 ans, à 0 fr. 40 c. l'un.	2	
Déchet, avaries, etc., 1/100.	»	20
Frais de gardien, etc., pendant 5 ans	1	
Intérêts capitalisés deux fois par an, sur 23 fr. 20 c., pendant 5 ans, à 5 % l'an (28 c. pour 1 fr.).	6	47
Total.	29 fr.	67 c.

Le même blé gardé pendant 6 ans coûterait 35 cent. par fr. *égale* 31 fr. 25 c. l'hectolitre;

C'est-à-dire un tiers au-dessus du prix moyen de la France depuis 20 ans, et presque autant qu'on l'a vendu aux époques de la plus grande cherté de 1856.

Ainsi donc, il n'y a point de bénéfices, en supposant même qu'au moment de la vente le prix du blé fût fort élevé; mais il y aurait, au contraire, une perte considérable si le blé ne se vendait qu'un peu au-dessous du prix moyen.

Il ne faut donc pas compter sur les réserves des grains conservés pendant plusieurs années, pour remplir le vide produit par de mauvaises récoltes.

La conservation des grains ne doit pas dépasser deux années pour n'être pas trop onéreuse par les frais et par les intérêts des capitaux, et aussi pour que le blé ne perde pas de ses bonnes qualités.

Or, les moyens de conserver le blé pendant un ou deux ans ne nous manquent pas. On le conserve très bien, même dans les greniers ordinaires, en ayant soin de le nettoyer, de l'aérer, etc.

Des silos souterrains, avec dessication permanente, construits dans les conditions que nous avons indiquées dans notre *Mémoire sur les Silos*, présenté à l'Académie des Sciences en 1856, et publié dans les *Annales de l'Agriculture française*, année 1856, pourraient être employés très avantageusement, mais nous le répétons, les intérêts capitalisés pendant plusieurs années, joints aux frais de conservation du grain, en porteraient bien vite le prix à un taux plus élevé que celui qu'il vaut dans les années de grande cherté.

Nous parlerons plus loin des avantages que présenteraient des réserves de grains conservés d'une année à l'autre par les particuliers, avec faculté d'obtenir des institutions de crédit, des avances sur ces grains, en consignation chez leurs propriétaires.

2° IMPORTATION DES BLÉS ÉTRANGERS.

Lorsque par suite de l'intempérie de la saison ou d'autres causes que nous examinerons plus tard, la production du blé se trouve insuffisante pour la consommation du pays, alors celui-ci s'adresse à l'étranger pour compléter son approvisionnement. Ce sont la Sicile, la Sardaigne, l'Afrique, la Barbarie, la Crimée, le nord de l'Europe et même l'Amérique septentrionale, qui nous fournissent une partie des grains dont nous avons besoin.

De 1815 à 1844 on a importé en France, pour la consommation, 26,106,800 hectolitres de froment, à 22 fr. 50 l'hectolitre, prix moyen *égale* 585,440,541 fr. De 1845 à 1847 on en a importé 13,614,058 hectolitres au prix moyen de 31 fr. *égale* 418,837,000 fr. (Moreau de Jonnès).

Ainsi, en 33 ans, nous avons consommé 40 millions d'hectolitres de blés étrangers, qui ont coûté 1 milliard. Cette quantité de blé a pu suffire à peine à la consommation du pays pendant 144 jours.

Mais si nous prenons la moyenne de ces 33 ans, nous trouverons que le déficit a été seulement de 1,200,000 hectolitres par année moyenne, ou, en d'autres termes, de la quantité de blé nécessaire à la consommation du pays pendant 4 jours 1/3.

On estime que la moyenne du déficit dans les années de disette ne dépasse pas la quantité de blé qui est nécessaire pour la consommation totale pendant 8 jours.

Suivant un rapport qui a été présenté à la chambre des députés, par M. Beslay, sur les opérations du Gouvernement relatives aux subsistances en 1815, 1816 et 1817 (1), des quantités assez considérables de grains tirés de l'étranger n'auraient fourni aux besoins du pays, en 1815, que pour un quart de jour, et en 1816, que pour un jour un quart. Il est vrai que ces calculs ont été critiqués par Lainé, ministre de l'intérieur, en 1817; mais ce ministre lui-même ne porte le temps qu'à six et neuf jours, et le redressement qu'il a fait confirme notre opinion, à savoir que le déficit des années de disette n'est guère de 8 jours en moyenne.

En 1811 et 1812, années de grande cherté, la quantité de blés importés ne fut que de 2,455,660 quintaux métriques; en 1816 et 1817, de 2,996,537; en 1832 de 3,462,309 (Martin de Moussy):

« Dans toutes les crises des grains, les secours tardifs du commerce n'ont apporté que bien peu de soulagement à la situation malheureuse des populations. Insuffisance des approvisionnements par le commerce et de vives souffrances causées par son extrême avidité. Il n'a rien su prévoir; ses achats ont eu lieu à de désastreuses conditions, quand déjà les étrangers nous avaient devancés sur tous les marchés, quand le fret était doublé, quand l'in-

(1) *Moniteur* du 21 avril 1820.

quiétude, surexcitant les esprits, transformait la pénurie en disette. Ils constituèrent bientôt ensuite un encombrement de grains qui pesa ultérieurement et d'une façon désastreuse, quoique inverse, sur l'état général de la fortune publique. »

« L'hectolitre de froment, payé 22 fr. à Tangarock, en 1846, et jusqu'à 30, en 1847, n'arriva au consommateur qu'avec une surcharge de plus de 10 fr. de frais! Donc, prix doublés au point de départ, par suite des demandes, fret, transport, commissions, courtages, profits, tout cela exagéré, le jeu à la place de la spéculation loyale !... (1) »

D'un autre côté, quand l'importation des grains étrangers a lieu sur une grande échelle, il en résulte une rareté plus ou moins grande de numéraire dans le pays. Une réduction de 200 millions seulement, sur le fonds métallique, est de nature à causer une perturbation. La France l'éprouva en 1847, lorsque près de 200 millions eurent soldé plus de 7 millions de quintaux de blés achetés à l'étranger. Alors le chômage eut lieu dans presque toutes les industries et vint ajouter à la misère générale.

Ce n'est pas seulement en enlevant au capital national les sommes considérables envoyées à l'étranger pour payer les achats de grains importés, que les périodes de disette atteignent jusqu'au cœur la prospérité d'un pays ; c'est surtout par la nécessité où elles mettent les populations, de détourner de leur destination habituelle des sommes bien plus considérables, ordinairement consacrées à vivifier le commerce et à développer l'industrie, pour les employer exclusivement à l'alimentation.

Fatale nécessité, dit le comte Abel Hugo, imposée par l'impérieux besoin de vivre, et qui peut avoir des résultats effrayants.

Le kilogramme de pain étant supposé à 30 centimes, et la consommation totale de la France de 18 millions de kilogrammes par

(1) Congrès d'Agriculture, 1851, p. 465.

jour, la dépense, pour cet objet, s'élève à 5,400,000 fr. par jour, *égale* 1 milliard 971 millions par an; chaque augmentation de 5 centimes ou d'un sou par kilogramme de pain, donne lieu à une augmentation de dépense de 900,000 fr. par jour, *égale* 328 millions 500,000 fr. par année.

Une augmentation de 20 cent. par kilogramme (le pain de 2 kilogr. à 1 fr.) pendant six mois et dix-huit jours, s'élevant à 720,000,000 de francs, dépasse de 200,000 fr. *la valeur totale des exportations françaises* dans le monde entier, toutes nos possessions d'outre-mer, Algérie et colonies comprises.

En 1846 et en 1847, pendant 426 jours (14 mois), le prix moyen à Paris du pain de 2 kilogr., a été de 1 fr. En 1816 et en 1817, le prix moyen en France du kilogramme de pain a été de 60 cent. pendant 549 jours ou 18 mois (A. Hugo).

L'opinion que des achats faits à l'étranger peuvent suppléer à l'insuffisance des récoltes, est une erreur, que détruit un moment de réflexion. En effet, qu'il y ait dans une année un déficit de deux ou trois mois, et la France devrait payer non seulement la somme énorme d'un 1/2 milliard en numéraire, qu'il lui serait très difficile de trouver immédiatement; mais encore toute la marine française, tous les chevaux et les charriots mis en réquisition seraient insuffisants pour lui apporter de l'étranger la quantité de grains nécessaire à la consommation du pays, en supposant qu'on pût le trouver quelque part.

La population de la France est de 36 millions d'habitants.

En portant seulement à 1/2 kilogr. la consommation de blé de chaque individu, par jour, cette quantité, à 25 fr. l'hectolitre, fait la somme de 6,000,000 de francs par jour ou 180 millions de francs pour un mois.

Les 18 millions de kilogrammes par jour représentent 240,000 hectolitres, pesant 75 kilogr. l'un ou 18,000 tonneaux du poids de 1,000 kilogr.

Or, le port de Marseille ne possède que 630 navires, jaugeant ensemble 55,000 tonneaux. Celui du Havre ne possède que 350 navires, jaugeant ensemble 65,000 tonneaux *(Patria)*. Ces mille navires, en nombres ronds, jaugeant ensemble 120,000 tonneaux, montés par 12,000 hommes d'équipage, ne pourraient, par conséquent, nous apporter au plus que 120,000 tonneaux en tout, c'est-à-dire la quantité de blé nécessaire à la consommation de la France pendant six jours 2/3 seulement.

Pour amener par terre la quantité de blé nécessaire à la consommation de la France pendant 15 jours, à raison d'un demi-kilogramme seulement par jour et par personne, il ne faudrait pas moins de 130,000 charriots et 270,000 chevaux.

En supposant que chacun des charriots attelés de 2 chevaux occupe une longueur de 10 mètres, les voitures marchant à la suite l'une de l'autre sur une route, feraient une longueur de 1,300 kilomètres, c'est-à-dire plus de 330 lieues.

On voit, par ce que nous venons de dire, de quel faible secours nous serait l'importation des blés étrangers, si le déficit s'élevait à une quantité égale à la consommation de la France pendant un ou deux mois.

3° SUBSTITUTION OU EMPLOI D'AUTRES SUBSTANCES ALIMENTAIRES.

Lorsque l'hiver a été rigoureux, que les céréales d'automne ont souffert, qu'elles ont une mauvaise apparence, les cultivateurs ensemencent, au lieu de l'avoine, une étendue de terre beaucoup plus grande qu'à l'ordinaire, en céréales de printemps, en blé de mars, en orge, en pommes de terre, haricots, etc.

Toutes les substances alimentaires, de quelque espèce qu'elles soient, maïs, orge, riz, pommes de terre, la viande même, viennent dans les années de disette du blé, contribuer à diminuer le déficit de cette céréale

Mais ces substances diverses ne sauraient jamais remplacer entièrement le pain; c'est tout au plus, d'ailleurs, si toutes, ensemble, elles peuvent équivaloir à 1/20e, ou si l'on veut, à un douzième du déficit en blé.

encore aujourd'hui près de 8 millions d'hectares de terrains incultes, de landes, bruyères et marais.

Rien ne serait donc plus facile que de trouver les 200,000 hectares nécessaires pour produire les 2,400,000 hectolitres de blé, qui manquent pour dix jours de consommation, c'est-à-dire d'augmenter d'un trentième la superficie du terrain cultivé en froment, ou bien de perfectionner les procédés de culture, de manière à obtenir 30 litres de blé en plus par hectare. Cet accroissement de la superficie cultivée et joint à l'amélioration de procédés de culture peut très bien combler le déficit. Il faut observer en outre que dans la période de 1815 à 1851, la France a exporté 881,642 hectolitres de blé dans 18 années d'abondance, ce qui diminue d'autant le total du déficit.

L'agriculture en France est loin d'être arrivée au degré de perfection et de développement dont elle est susceptible.

L'assolement triennal avec jachère est encore le mode de culture le plus généralement suivi chez nous ; l'assolement quadriennal ou alterne n'est que l'exception.

L'engrais humain qui, dans tous les pays de bonne culture, est employé avec de grands avantages, est encore fort rare en France, sauf dans 2 ou 3 départements du Nord.

On le perd, on le jette dans les rivières. Associées au plâtre et au charbon, les déjections humaines peuvent constituer un engrais très fertilisant qui n'a aucune espèce de mauvaise odeur et qui peut être transporté avec la plus grande facilité (1).

Le sang desséché provenant des abattoirs de Paris et qui est l'un des engrais les plus puissants, au lieu d'être employé en France pour fertiliser nos terres est expédié et transporté pour la

(1) *Herpin* — Mémoire sur l'emploi du plâtre et du charbon pour la fabrication des engrais désinfectés, sur les avantages de cet engrais, ses applications à l'agriculture, enfin sur la possibilité de supprimer les fosses d'aisances dans la ville de Paris. Extrait du Bulletin de la Société d'encouragement (juin 1849).

plus grande partie à l'étranger, dans les colonies, etc., où il est utilisé pour la culture de la canne à sucre, du café, etc.

Le guano, cet engrais si précieux auquel on aurait dû accorder une prime d'importation, paie au contraire des droits d'entrée assez élevés

D'un côté, les progrès que réalise tous les jours la mécanique agricole nous permettent d'espérer d'ici à peu d'années, le secours d'instruments économiques et très puissants, destinés à venir en aide au cultivateur et à diminuer notablement les frais considérables de main-d'œuvre qu'exigent la culture, les défrichements, les défoncements, les nivellements de terrains, etc.

Ainsi l'emploi de semoirs pourrait seul économiser la moitié du grain employé pour la semence, c'est-à-dire près de 6 millions d'hectolitres pour la France, ou quatre fois de plus que le déficit annuel moyen, qui est seulement de 1,200,000 hectolitres, nous l'avons dit plus haut.

Le battage au fléau qui dure pendant plusieurs mois après la moisson, laisse pendant trop longtemps le grain dans les granges, exposé aux ravages d'un grand nombre d'animaux et d'insectes destructeurs. En outre, ce mode de battage fort imparfait, laisse dans la paille deux ou trois pour cent du grain, et quelquefois plus, qui sont perdus pour la consommation. Les machines à battre exécutent le même travail avec une grande promptitude, beaucoup d'économie et donnent un rendement plus considérable de grain, qui peut être mis immédiatement à la disposition des consommateurs.

Dans plusieurs de nos départements, dans le centre de la France, par exemple, les bras sont insuffisants pour exécuter convenablement les moissons ; il faut laisser les blés à terre pendant deux ou trois semaines de trop, exposés ainsi à l'action des orages, de la grêle, de la pluie, qui en font perdre souvent une grande partie.

D'un autre coté, par manque de bras, le prix de la main-d'œuvre des moissonneurs, s'élève alors dans une proportion très forte, souvent même démesurée, c'est-à-dire au double et au triple du prix moyen ordinaire.

Le prix coûtant du grain est donc augmenté de beaucoup, par suite de ces diverses circonstances, dont l'emploi des machines à moissonner pourrait considérablement diminuer les inconvénients.

Enfin, des charrues ou bêches mues par la vapeur, pour fouiller et remuer le sol à une grande profondeur, remplaceront un jour ces misérables attelages, ces maigres chevaux, dont l'entretien et la nourriture coûtent cependant si cher au cultivateur; ces pauvres animaux de travail seront à leur tour remplacés avantageusement par des animaux de boucherie, de rente et de produit. Ces diverses machines à semer, à moissonner, à faucher, à faner, etc., seront d'autant plus précieuses qu'elles fonctionnent d'une manière plus économique et plus expéditive, qu'elles diminuent par conséquent les risques et les chances de pertes.

Toutefois, nous ferons observer qu'avant d'encourager l'introduction générale dans les fermes d'agents mécaniques plus puissants et plus économiques, la sollicitude de l'administration supérieure doit s'occuper activement des moyens d'établir et de propager dans les campagnes certaines industries pouvant s'exécuter dans l'intérieur du foyer domestique, et qui donneront ainsi, à l'ouvrier des champs, pendant la saison d'hiver, une occupation fructueuse et du travail, en remplacement de celui qui serait exécuté plus avantageusement par les machines.

Le drainage, qui a pour but de dessecher, d'égoutter les terrains naturellement mouillés et humides, est encore appelé à rendre à l'agriculture des services très importants, en augmentant l'étendue et la quantité des terrains propres à la culture du froment, en les assainissant et en les fertilisant (1).

(1) Nous ne partageons pas cependant l'engouement et l'enthousiasme à la mode aujourd'hui en faveur du drainage. Assurément ce moyen, connu et pratiqué depuis bien longtemps, chez nous, sous le nom de

Toutes ces améliorations, dont nous venons de parler, toutes ces machines diverses, en accélérant le travail, en augmentant les produits, en diminuant les frais de culture et de main-d'œuvre, auront pour résultat de rendre la production plus abondante et d'abaisser d'une manière très notable le prix des denrées principales nécessaires à la nourriture de l'homme.

Tous les encouragements et les efforts du Gouvernement doivent donc avoir pour but principal d'améliorer la culture et d'augmenter la production du blé, de telle sorte qu'elle soit toujours suffisante pour les besoins du pays et même qu'elle soit toujours surabondante. Mais quoique la surface cultivée en céréales s'augmente chaque année, néanmoins cette augmentation n'a pas suivi la progression de l'accroissement de la population; elle est toujours au-dessous des besoins.

Et même, si l'on n'y prend garde et si l'on n'y remédie, la production du blé en France ira toujours en diminuant: *Parce que la culture du froment est une de celles qui exigent le plus de soins et de frais, et qui paient le moins bien le travail et le capital que l'on y consacre.*

Aussi voyons-nous les cultures industrielles, la betterave, le colza, le chanvre, le lin, la garance, le tabac et même les prairies artificielles permanentes, s'emparer des portions les plus fertiles de notre sol, et diminuer d'autant celles que l'on pourrait employer très utilement à la culture du blé.

Nous n'hésitons pas à dire que la cause principale de l'insuffi-

rigoles couvertes, souterraines, peut produire d'excellents effets. Mais tous les terrains (tels sont les terrains compactes et argileux, par exemple, où l'eau reste et séjourne dans les cavités, à quelques centimètres du drain lui-même ou des fossés) ne sont pas toujours susceptibles à être drainés avec avantage. — Enfin, après quelques années, les tuyaux se remplissent de terre, de sable, de racines, qui s'y développent dans des proportions démesurées; ils s'obstruent et finissent par ne pouvoir plus fonctionner.

sance habituelle de la production du blé en France est l'avilissement excessif du prix des grains dans les années abondantes, avilissement qui souvent est tel que le cultivateur ne trouve pas même l'équivalent des frais et déboursés qu'il a dû faire. Une baisse trop considérable dans le prix des céréales, le manque de débouchés pour le superflu inutile à la consommation, dans les années de surabondance, sont cause que les cultivateurs et les propriétaires négligent et restreignent la culture du blé.

Le cultivateur tombe dans le découragement, quand, au lieu de retirer une légitime récompense de son travail et l'intérêt de ses avances, il voit son capital diminuer et s'anéantir. La ruine du cultivateur entraîne nécessairement une mauvaise culture et par suite des récoltes médiocres, qui se réduisent à bien peu de chose si l'année est mauvaise.

» Le blé, dit Turgot (déclaration de 1776), ne vient qu'autant qu'il est semé; le laboureur ne peut semer qu'autant qu'il est sûr de retrouver par la vente de ses récoltes le dédommagement de ses peines et de ses frais, et la rentrée de toutes ses avances avec l'intérêt et le profit qu'elles lui auraient rapporté dans tout autre profession que celle de laboureur. »

Le même économiste dit, ailleurs: « Le laboureur ne fait et ne peut faire produire *habituellement* à sa terre que ce qu'il peut débiter *habituellement*, sans quoi il perdrait sur sa culture, ce qui l'obligerait à la réduire. »

« Il est prouvé par des états rigoureusement exacts, dit Duhamel du Monceau (1), que les fermiers qui cultivent les meilleures terres ne trouvent pas dans la vente de leurs grains, au prix modique où il est dans les années très abondantes, de quoi satisfaire aux dépenses d'exploitation, aux impôts, aux fermages, etc. — Il en est bien pire encore des fermiers qui cultivent des

(1) Eléments d'Agriculture.

terres de médiocre qualité; car les dépenses de culture des terres médiocres excèdent souvent celles des bonnes terres. »

« En 1808, 1809, 1814, 1825 et 1835, la baisse fut si forte, qu'il était impossible que, par la vente de leurs céréales, les cultivateurs fussent remboursés de leurs frais de culture et du montant des impôts qu'ils sont tenus de payer. Il arriva alors ce qui arrive dans toutes les circonstances analogues, c'est que ne retirant pas de leurs travaux une indemnité suffisante, ils les dénaturèrent, c'est-à-dire que, au lieu de semer autant de blé qu'auparavant, ils transformèrent quelques-uns de leurs champs en prairies, ou les laissèrent en jachère, résolution qui amena une diminution dans la production, et par suite une grande rareté de subsistances pour les années suivantes, lorsque la grêle, des sécheresses, des pluies continuelles ou d'autres intempéries eurent augmenté le mal, en rendant les récoltes peu abondantes (1). »

Si nous examinons les mercuriales des prix du blé depuis un siècle jusqu'à présent, nous trouverons que les années d'excessive cherté ont toujours été précédées d'une période de plusieurs années, dans lesquelles le prix du grain a été à vil prix. On pourra s'en convaincre par le tableau suivant, qui démontre d'une manière évidente que l'augmentation ou la diminution du prix des grains suivent *toujours, malgré les contre-temps et les intempéries des saisons*, une marche *régulière et progressive*; nous concluons de là que la production du blé va en croissant, à mesure que le prix s'élève. Lorsque cette production est devenue surabondante, que la marchandise est offerte partout sur le marché, le prix s'abaisse, s'avilit; alors la culture se restreint, la production va en diminution, jusqu'au point de devenir insuffisante, ce qui donne lieu à une nouvelle période d'élévation du prix et de cherté; et lorsqu'il y a tout à la fois une diminution dans l'étendue des cultures et une saison contraire, la récolte est insuffisante, la disette est inévitable.

(1) M. Costaz. — Histoire de l'Administration de l'Agriculture.

TABLEAU COMPARATIF *des Périodes alternatives d'élévation et de diminution du Prix de l'hectolitre de Froment en France, depuis cent ans.*

PÉRIODES				PÉRIODES			
ASCENDANTES.		DESCENDANTES.		ASCENDANTES.		DESCENDANTES.	
Années.	Prix de l'hectolit.	Années.	Prix de l'hectolit.	Années.	Prix de l'hectolit.	Années.	Prix de l'hectolit.
	f. c.		f. c.		f. c.		f. c.
1756..	9 53			1788..	16 12		
757..	11 91			789..	21 90		
758..	11 20			790..	19 48		
759..	11 70					1798..	17 07
760..	11 79					799..	16 20
		1761..	10 »	1800..	20 34		
		762..	9 94	801..	22 40		
		763..	9 53	802..	24 32		
1764..	10 03			803..	24 55		
765..	11 18					1804..	19 19
766..	13 20					805..	19 04
767..	14 31					806..	19 33
768..	15 53					807..	18 88
769..	15 41					808..	16 54
770..	18 85					809..	14 86
771..	18 19			1810..	19 61		
		1772..	16 68	811..	26 13		
		773..	16 48	812..	34 34		
		774..	14 60			1813..	22 51
		775..	15 93			814..	17 73
		776..	12 94	1815..	19 53		
1777..	13 38			816..	28 31		
778..	14 70			817..	36 16		
		1779..	13 61			1818..	24 65
		780..	12 62			819..	18 42
1781..	13 47					820..	19 13
782..	15 29					821..	17 79
783..	15 07					822..	15 49
784..	15 35					823..	17 52
		1785..	14 89			824..	16 22
		786..	14 12			825..	15 74
		787..	14 18			826..	15 85

TABLEAU COMPARATIF.

(Suite).

PÉRIODES				PÉRIODES			
ASCENDANTES.		DESCENDANTES.		ASCENDANTES.		DESCENDANTES.	
Années.	Prix de l'hectolit.	Années.	Prix de l'hectolit.	Années.	Prix de l'hectolit.	Années.	Prix de l'hectolit.
	f. c.		f. c.		f. c.		f. c.
1827..	18 21					1844 .	19 75
828..	22 03					845..	19 75
829..	22 50			1846..	24 05		
830..	22 39			847..	29 01		
		1831..	22 10			1848..	16 65
		832..	21 85			849..	15 57
		833..	16 62			850.	14 32
		834..	15 25			851..	14 28
		835..	15 25	1852..	17 23		
1836..	17 32			853..	22 71		
837..	18 53			854..	28 80		
838..	19 51			855..	29 51		
839..	22 14			856..	» »		
		1840..	21 84			1857..	» »
		841..	18 54			858..	» »
1842..	19 55					859..	» »
843..	20 46						

Le tableau qui précède démontre donc d'une manière palpable, pour ainsi dire, que les années de cherté ne sont pas l'effet subit, accidentel, de l'intempérie de la saison, mais au contraire que l'augmentation du prix des grains suit pendant une période de plusieurs années une marche régulière et constante.

Les augmentations et les diminutions périodiques et régulières du prix des blés paraissent donc ne pas dépendre d'une manière aussi absolue qu'on le croit généralement, des influences du bon ou du mauvais temps, des saisons plus ou moins propres, qui ne suivent pas une marche régulière et périodique. Il faut donc chercher ailleurs la cause de ces variations si considérables du prix des grains.

Nous pensons qu'elles doivent être attribuées principalement à l'extension plus ou moins grande de la superficie du terrain ensemencé en blé.

Lorsque le blé se vend bien, le cultivateur ensemence davantage; quand le blé est à vil prix, il néglige ou restreint ses cultures: c'est ce qui amène la pénurie. Voilà, selon nous, la cause principale des disettes; celles-ci proviennent donc heureusement, non de la rigueur des saisons, mais du fait même, de la faute et de l'imprévoyance de l'homme, qui tourne constamment dans le même cercle vicieux, mais qui en pourra sortir quand il voudra prendre les moyens convenables.

En résumé, la cause principale des disettes, à notre avis, est l'avilissement excessif du prix des grains dans les années abondantes, d'où résulte une perte considérable pour le cultivateur, une diminution plus ou moins grande dans l'étendue de la surface du terrain ensemencé en froment, et beaucoup de négligence dans l'exécution des travaux de culture (1).

On voit souvent un exemple frappant de l'influence qu'exerce sur l'habitant des campagnes une dépréciation considérable ou trop prolongée dans la valeur de ses produits.

Ainsi, lorsque la récolte du vin a manqué pendant plusieurs années, ou bien qu'elle a été très abondante et que le vin se vend à vil prix, on voit un grand nombre de vignerons arracher

(1) Turgot paraît avoir pressenti la cause que nous indiquons ici, savoir l'avilissement du prix, et par suite la diminution dans l'étendue des cultures. « Peut-être, dit-il, qu'un des meilleurs moyens de prévenir les famines serait de s'occuper uniquement du prix des grains, puisqu'en augmentant le nombre des terres cultivées on augmenterait l'abondance des récoltes, vrai moyen de prévenir les disettes; car l'augmentation du prix, de quelque denrée que ce soit, ne sera que peu considérable et passagère, toutes les fois que la matière ne manquera pas. »

leurs vignes; et cependant la vigne exige une plantation difficile et coûteuse, trois années de culture, de dépense et de frais considérables, avant qu'elle soit en état de produire une première récolte.

Si un tel découragement a lieu à l'égard des vignes, à plus forte raison doit-il aussi avoir lieu pour la culture du froment, car celle-ci est annuelle, bien plus sujette à toutes les alternatives de dépréciation. Il est on ne peut plus facile de l'étendre ou de la restreindre d'une année à l'autre, suivant le gré ou le caprice du cultivateur.

Des années de grande abondance deviennent donc, à cause de la mévente et de l'avilissement des prix, des années calamiteuses pour le fermier comme pour le vigneron. C'est en effet dans les années d'abondance que l'un et l'autre contractent des dettes pour payer leurs fermages et remplir leurs obligations.

La surabondance de la production est ce qui constitue le fond du commerce; ce surabondant est richesse, quand le producteur peut le vendre ou l'échanger. Si, au contraire, il ne trouve pas de débouchés, alors il n'a plus de valeur.

C'est donc la consommation, le placement qu'il faut encourager d'abord : la production viendra toute seule après.

N'est-ce pas une anomalie bien étrange de voir que les années d'abondance et de bénédiction, au lieu d'être des années de bonheur et de prospérité, deviennent, par notre faute, par notre imprévoyance, des années de détresse et de misère, qui forcent les producteurs à restreindre et à négliger leurs cultures, au lieu de les augmenter?

Les disettes qui nous affligent d'une manière périodique et régulière, après les années d'abondance, sont donc moins le résultat des causes physiques et de l'intempérie des saisons, que des mesures inintelligentes, ou si l'on veut, de l'absence de mesures propres à favoriser une production de céréales toujours surabondante et en même temps lucrative pour le cultivateur.

Pour que le retour périodique des disettes ne soit plus à

redouter en France, pour que la production du blé y soit toujours au niveau des besoins de la consommation du pays, pour qu'elle soit toujours suffisante, surabondante même, la condition première, *sine qua non*, c'est que la culture de cette céréale soit *profitable au producteur*, c'est-à-dire 1° Que les frais et les dépenses occasionés par la culture du blé soient convenablement payés par la vente du grain; 2° que le superflu de la consommation du pays trouve au dehors un écoulement, un débouché suffisants et avantageux, afin qu'il n'y ait sur nos marchés ni encombrement de marchandise invendue, ni avilissement excessif du prix.

C'est en cela que l'intervention éclairée, bien que simplement officieuse, de l'administration supérieure ou du Gouvernement, est indispensable.

Toute culture, quel qu'en soit l'objet, doit être :

1° *Economique*, c'est-à-dire qu'elle doit être exécutée avec le moins de frais et au meilleur marché possible ;

2° *Productive*, c'est-à-dire qu'elle doit pouvoir obtenir de la terre autant que celle-ci peut donner, sans l'épuiser;

3° Enfin, *lucrative*, c'est-à-dire qu'elle laisse au cultivateur un bénéfice raisonnable et suffisant pour l'indemniser de ses peines et de ses avances.

Or, dans l'état actuel des choses, sous le poids des charges tant directes qu'indirectes pesant sur le sol, ainsi que sur tous les agents et les matériaux nécessaires à l'agriculture, le prix de revient de nos denrées est plus élevé que partout ailleurs; la culture du froment est très dispendieuse, et loin d'être *lucrative* et profitable pour le cultivateur, elle ne lui donne aucun bénéfice; souvent même la vente du grain ne suffit pas pour payer les frais de cette culture ; de là vient qu'elle est négligée, restreinte et insuffisante.

Ce que nous disons ici n'est point une exagération. Nous avons déjà cité plus haut les opinions bien précises de Turgot et de

Duhamel, à cet égard. Au surplus, l'agriculture n'est un secret pour personne. Rien n'est donc plus facile que de savoir quels sont les frais de culture d'un hectare de terre ensemencé en froment, quel en est le rendement en grain, combien s'élève le bénéfice du cultivateur. En un mot, *quel est le prix coûtant, au producteur, de l'hectolitre de froment.*

Le prix du blé se compose :

1° Des frais de culture, labourages, ensemencement, fumure, du loyer de la terre, du temps et du salaire des hommes, des animaux et de l'usure des instruments employés à la culture;

2° Des charges de toute espèce, générales, départementales, municipales; des impôts directs ou indirects qui pèsent tant sur le sol lui-même que sur les personnes, les animaux, les objets, matériaux et outils servant à la production agricole;

3° Du bénéfice du cultivateur.

Les agriculteurs de cabinet, qui ne redoutent ni la grêle, ni la pluie, ni la sécheresse, et qui obtiennent toujours de magnifiques récoltes (sur le papier ou dans des pots à fleurs); les statisticiens officiels qui sont plus ou moins étrangers aux travaux des champs, s'efforcent, comme à l'envi les uns des autres, de proclamer que l'agriculture réalise des bénéfices immenses, alors même qu'elle gémit, qu'elle succombe sous le poids des charges de toute espèce qui l'accablent.

Malheureusement, l'expérience de tous les jours, la triste réalité, le *fait brutal*, en un mot, viennent donner un démenti cruel à ces imprudentes exagérations.

D'après les statisticiens officiels, le produit moyen, pour la France, d'un hectare de terre ensemencé en froment, serait de 13 hectolitres. Royer, inspecteur de l'agriculture, l'évaluait à 15 hectolitres 56 litres.

Ces quantités sont évidemment exagérées; nous pensons que le produit de l'hectare en blé ne s'élève pas, en *moyenne*, pour la France, en général, au-delà de dix et demi à onze hectolitres.

Des documents officiels recueillis en 1840 ne l'évaluent qu'à 10 hectolitres seulement.

En calculant et multipliant le rendement exagéré de 13 à 14 hectolitres, par le prix du blé, dans les années de cherté, les calculateurs sont arrivés à trouver que le froment rend au cultivateur, par hectare, un produit moyen de 222 à 310 francs (de 1836 à 1848), et un bénéfice net (frais de production déduits ou 40 pour °/o) de plus de cent francs par hectare.

Produit brut par hectare de terre arable	279 fr.
Frais de production et charges.	169
Produit net par hectare (1).	110

Malheureusement, tous ces calculs sont loin d'être l'expression de la vérité.

Si le laboureur avait 110 fr. de bénéfice par chaque hectare cultivé en blé, cette culture s'étendrait bien vite, et la France n'aurait plus à redouter les disettes; mais il n'en est point ainsi. Les bénéfices sont beaucoup plus restreints et trop souvent les comptes de culture se balancent en perte.

Nous avons pendant longtemps dirigé nous-même notre exploitation agricole; nous avons tenu un compte exact de la dépense et du produit de nos cultures.

Voici les résultats moyens, pour 12 années, des frais de culture et du produit d'un hectare de terre ensemencé en froment, avec assolement quadriennal, dans le centre de la France (Indre), sur des terres fromentales de bonne qualité, résultats que nous avons recueillis et constatés par nous-même dans notre propre exploitation :

(1) Mémoires de la Société centrale d'Agriculture, 1850, supplément.

Tableau comparatif *des Frais de Culture et du Produit d'un hectare de terre de bonne qualité, ensemencé en froment. (Moyenne de 12 années dans notre Exploitation personnelle).*

NATURE DES DÉPENSES ou des travaux.	JOURNÉES d'homme.	JOURNÉES de cheval.	JOURNÉES de voiture ou instruments	QUANTITÉ employée.	PRIX de l'unité en argent.	VALEUR totale en argent	OBSERVATIONS.
					f. c.	f. c.	
Labourage (un)...........	3 1/2	7	3 1/2	»	» »	29 23	C'est pour un seul labour, avec l'assolement quadriennal sur trèfle retourné ou vesce ou après pommes de terre, récoltes sarclées, légumes, etc. Dans l'assolement triennal il faudrait deux labours de plus, deux années de fermage et de frais généraux.
Hersage (un)........	1	1	1	»	» »	4 25	
Binages. — Sarclages.....	3	»	»	»	0 75	2 25	
2 — —	3	»	»	»	0 75	2 25	
Fumier (mètres cubes).....	»	»	»	mètres cubes. 30	4 50	67 50	Au lieu de 135 f. » ⎫ on compte ici la moitié
Conduite. — Chargement..	4	3	»	»	» »	9 »	Au lieu de 18 » ⎬ de la valeur du fumier
Epandement.............	4	»	»	litres.	» »	2 75	Au lieu de 5 50 ⎭ qui sert pour 2 années.
Semence.	»	»	»	200	0 20	40 »	
Ensemencement..........	1	1	»	»	» »	4 25	
Moissonnage............	5 1/2	»	»	»	2 50	13 75	
Liage............	1 1/3	»	»	»	2 50	3 35	
Engrangement.--Conduite.	3	2	»	»	» »	13 50	
Battage du grain.........	20	»	»	»	1 05	24 »	
Conduite au marché, frais de vente, péage........	1	1	1	»	» »	5 »	
A reporter....	50 1/3	16	9 1/2	»	» »	218 08	

TABLEAU COMPARATIF (*Suite*).

NATURE DES DÉPENSES ou des travaux.	JOURNÉES d'homme.	JOURNÉES de cheval.	JOURNÉES de voiture ou instrumens	QUANTITÉ employée.	PRIX de l'unité en argent.	VALEUR totale en argent.	OBSERVATIONS.
					f. c.	f. c.	
Report.......	50 1/3	16	9 1/2	»	» »	218 08	
Frais généraux de l'exploitation..................	»	»	»	»	» »	50 »	Sous ce chef sont compris la nourriture et l'entretien de la famille du fermier. — Intérêts du capital d'exploitation. — Frais de baux. — Assurances, impôts personnel et mobilier. — Sinistres. — Maladies. — Frais de déplacement, soit 2 500 fr. pour une ferme de 50 hectares.
Loyer ou fermage........	»	»	»	»	» »	40 »	
Impôts. — Prestation, etc.	»	»	»	»	» »	5 »	
Frais divers. — Travaux extraordinaires. — Amendements. — Chaux, etc.	»	»	»	»	» »	Mémoire	
	50 1/3	16	9 1/2	»	» »	313 08 (1)	
PRODUIT.							
14 hectolitres de froment (de toutes qualités) à 47 f. 50						215f »	(1) A Roville les frais de culture d'un hectare de terre en froment s'élevaient en 1828 à 307 francs. Pour les fermiers ordinaires du pays, les frais de culture d'un hectare de froment s'élèvent au moins à 352 francs. (Annales de Roville, tome [illegible].)
Paille — 2 500 kilogrammes à 30 f. les 1 000 kilogrammes..........						75 »	
						320 »	
Bénéfice par hectare..........................						6 92	

On voit par le tableau qui précède 1° Que la culture de froment d'hiver, dans des circonstances très avantageuses, ne nous a donné qu'un bénéfice insignifiant de 6 fr. 92 par hectare;

2° Qu'en déduisant la valeur de la paille estimée à 75 fr. et portée à un prix plus élevé qu'un fermier ne peut l'acheter pour la faire consommer ou convertir en fumier, le prix de l'hectolitre de blé qui a été vendu en moyenne (1re 2e et 3e qualités réunies) à raison de 17 fr. 50, nous a coûté en débourses et en frais de toute espèce, 17 fr.; c'est donc 50 c. seulement de bénéfice par hectolitre;

3° Que si, au lieu d'un produit de 14 hectolitres obtenu dans une terre de bonne qualité, bien cultivée, bien fumée, nous eussions recueilli seulement 12 hectolitres par hectare, rendement moyen de la France, le prix coûtant de notre blé se serait élevé à 19 fr. 83 l'hectolitre, c'est-à-dire à 2 fr. 33 de plus qu'on ne l'a vendu;

4° Enfin, que si au lieu de l'assolement alterne ou quadriennal que nous suivons, et dans lequel le blé est semé sur un seul labour donné à la terre, après l'arrachage des légumes et des récoltes sarclées, ou après de la vesce, du trèfle retourné, etc., on eût suivi l'assolement *triennal* avec jachère, qui est encore l'assolement usité dans la plus grande partie de la France, c'est-à-dire 1re année blé, 2e année orge ou avoine, 3e année repos ou jachère, les frais de culture d'un hectare de froment eussent été chargés de plus :

1° De deux labours	58 fr.	50
2° De deux hersages	8	»
3° Des frais généraux et du loyer pendant une seconde année	90	»

Que l'on calcule, d'après cela, si le bénéfice net de l'hectare de froment peut s'élever en moyenne à 140 fr. !

Ces résultats négatifs ou insignifiants que nous avions constamment remarqués dès notre début dans la carrière agricole.

nous avaient paru tellement extraordinaires et opposés à ce qui devrait avoir lieu généralement, que nous fîmes tout exprès le voyage de Roville, pour consulter à ce sujet l'illustre agronome Mathieu de Dombasle.

Nous croyons devoir rapporter textuellement l'entretien que nous eûmes avec lui à ce sujet : M. Herpin. — Cher maître, j'ai mis bien mal à profit vos savantes leçons. Depuis plusieurs années que je m'adonne à la culture de mes propriétés, j'ai beau m'y prendre de toutes les manières, je n'ai jamais pu réussir à faire du blé sans y mettre de ma poche, c'est-à-dire que les frais et les dépenses de cette culture ont toujours dépassé la valeur du grain que j'ai récolté.

Je vous apporte ici mes comptes exacts et détaillés des journées d'hommes, d'animaux, des frais et déboursés de toute espèce que j'ai faits, afin que nous puissions les comparer avec ce qui se pratique à Roville. Vous tenez ici une comptabilité rigoureuse; vous savez même, dit-on, ce que vous coûte un œuf. Ayez, je vous en prie, l'obligeance d'examiner mes comptes et de me dire en quoi je pèche, où est le vice de mon exploitation, car je n'ai pas su le découvrir jusqu'à présent.

Mathieu de Dombasle jeta les yeux sur le *doit* et l'*avoir* de mon compte et me dit : Quant au rendement, 13 à 14 hectolitres par hectare en moyenne, vous êtes dans les bonnes conditions ordinaires et même dans de meilleures que moi; puis il ajouta: Vos terres sont donc difficiles à travailler ?

M. Herpin. — Elles sont, en effet, argileuses et fortes; cependant elles me paraissent encore plus faciles à travailler que la pièce de terre située sur le revers de l'éminence que nous apercevons d'ici, dans laquelle labourent péniblement vos charrues.

M. Dombasle. — Notre établissement a des frais généraux considérables, qui augmentent plus ou moins le prix de revient de nos produits; je crains que vous ne trouviez pas ici, d'une manière exacte et satisfaisante pour vous, les renseignements que vous désirez.

M. Herpin. — Peu m'importe vos frais généraux; je désire seulement savoir quel est le nombre des journées de travail, le montant de vos déboursés et la quantité de blé que vous récoltez par hectare de terre.

M. Dombasle. — Je regrette beaucoup de ne pouvoir vous satisfaire; mais je ne puis montrer à personne ces comptes-là.

M. Herpin. — Cependant je suis venu tout exprès pour les voir et les comparer aux miens. Je ne suis pas un indiscret; je ne viens pas pour savoir combien vous gagnez, ni ce que vous dépensez dans votre maison: dites-moi, seulement, ce que vous coûte et ce que vous produit un hectare ensemencé en froment.

M. Dombasle. — Encore une fois, j'ai le regret de vous dire qu'il m'est impossible de satisfaire à votre demande.

M. Herpin (avec humeur). — Je le verrai toujours bien dans vos livres; je suis actionnaire de Roville, et j'ai le droit de prendre connaissance de votre gestion.

M. Dombasle. — Hé bien! puisque vous m'y forcez, je vous dirai la vérité; je suis comme vous, mon cher ami. Je n'ai pu encore produire ici du blé avec bénéfice. — N'en dites rien à personne, car si on savait cela, Roville serait perdu!

Mathieu de Dombasle me conduisit alors dans le bureau de la comptabilité, et donna l'ordre à son teneur de livres de me communiquer tous les renseignements que je pouvais désirer.

J'examinai attentivement les comptes de culture et spécialement ceux du froment, et je vis avec regret que le célèbre agronome n'avait pu, de même que moi, parvenir à couvrir ses frais.

Ainsi, en 1826, année d'abondance moyenne, l'hectare de terre ensemencé en froment avait produit 11 hectolitres 33 litres; et la perte, sur cette culture s'élevait à 1,944 francs.

Mathieu de Dombasle a publié, plus tard, ses comptes de culture, et l'on y voit que dans un espace de dix ans, les frais et déboursés de la culture des céréales ont dépassé de 17,800 fr. les recettes produites par la vente de ses grains (1).

(1) Annales de Roville, tome VIII, page 37.

pour y substituer la production plus avantageuse des plantes fourragères.

En Angleterre, quoique le prix de l'hectolitre de froment soit ordinairement de 35 à 40 francs; quoique l'hectare de terre ne paie guère que 2 francs d'impôt; cependant la culture du blé ne s'y fait que dans des proportions restreintes et insuffisantes pour la consommation du pays, parce que le prix élevé de la main-d'œuvre rend encore cette culture par trop dispendieuse.

Les Anglais, bons calculateurs avant tout, donnent la préférence aux cultures fourragères, qui coûtent beaucoup moins, aux végétaux et aux racines destinés à l'alimentation des bestiaux, qui donnent des profits plus considérables et plus certains.

Les documents officiels recueillis par l'administration, au sujet de la réforme du régime hypothécaire, ne nous ont-ils pas suffisamment révélé la réelle et bien triste position de l'industrie en France? Ne nous ont-ils pas appris que les revenus de l'agriculture sont grevés de plus d'un tiers, par des inscriptions hypothécaires, seulement, sans y comprendre les autres dettes de toute nature (1).

Que l'on vienne après cela vanter la situation brillante et prospère de l'agriculture en France ! Annoncer d'une manière presque officielle des bénéfices *nets* de cent dix francs par hectare! C'est tromper le pays et son Gouvernement; c'est l'empêcher de prendre des mesures susceptibles de remédier à un état de choses aussi déplorable, aussi désastreux, que celui que nous venons de signaler.

Le laboureur, le métayer, l'ouvrier de la campagne qui travaille à la terre avec toute sa famille, depuis le lever jusqu'au coucher du soleil, exposé à toutes les rigueurs du temps et des saisons, reste pendant toute sa vie, quoi qu'en disent les utopistes de la statistique, dans un état de gêne plus ou moins voisin de la misère, mal logés, mal vêtus, mal nourris.

(1) M. D'Audiffret. — Système financier de la France.

Au lieu d'amasser, malgré toutes les privations qu'il endure, une fortune passable, souvent a-t-il beaucoup de peine à conserver son petit patrimoine ; heureux quand il n'est pas obligé de le vendre ou de l'aliéner, pour satisfaire à ses engagements.

Demandez aux notaires de campagne combien il y a de fermiers, de métayers ou de petits propriétaires qui contractent des emprunts ou des dettes, pour soutenir leur exploitation ou leur famille ? Choisissez dans votre canton plusieurs familles d'anciens et laborieux cultivateurs, qui sont toujours restés attachés au sol, et demandez à l'administration de l'enregistrement quel a été le chiffre de la fortune primitive de l'aïeul, celle de ses enfants et petits-enfants, à l'époque de leur mariage et de leur décès, et vous trouverez qu'il reste aujourd'hui aux descendants de cette famille économe et laborieuse, une fortune équivalent à peine à celle que possédait primitivement l'aïeul. Il est bien rare qu'elle soit augmentée de la valeur des intérêts simples qu'elle a dû produire.

Nous n'entendons parler, ici, bien entendu, que des résultats produits par la culture *seule*, et non les avantages ni les bénéfices provenant d'autre origine, de spéculations et d'opérations commerciales

Ainsi, plusieurs générations successives de cultivateurs laborieux, honnêtes et économes, ont passé leur vie tout entière, dans les travaux les plus pénibles et les plus rudes ; ils ont vécu très chétivement, et ils ont enfoui dans le sol une grande partie des *intérêts* de leur capital primitif, sinon ce capital lui-même ! (1)

Voilà quel est l'état brillant et prospère de la plupart de nos cultivateurs.

(1) « C'est bien là l'état réel des choses dans presque toutes les fermes de France. Lorsque le fermier a atteint la fin de l'année sans avoir vu son capital diminué, c'est-à-dire lorsqu'il a vécu lui et sa famille, il s'estime fort heureux, tandis qu'il est en perte réelle, au moins des intérêts de son capital. » (Mathieu de Dombasle ; Annales de Roville, tome III, p. 19.)

Et l'on s'étonne, d'après cela, qu'ils veuillent faire de leurs fils des commerçants, des ouvriers, des prêtres, des citadins!

Et l'on demande pourquoi le paysan abandonne ses champs pour venir habiter les villes!

Plusieurs causes concourent à diminuer les bénéfices du cultivateur, et en même temps à élever d'une manière factice et improductive le prix des denrées de première nécessité.

Ce sont les charges de toute espèce qui pèsent sur la production agricole en France, et qui élèvent dans une proportion correspondante le prix des salaires, de la main-d'œuvre et des matériaux nécessaires à l'agriculture.

La conséquence naturelle des appréciations erronées des statisticiens, qui attribuent à l'agriculture des bénéfices exagérés, c'est que le Gouvernement s'est cru autorisé de bonne foi à augmenter, dans une proportion excessive, les charges de l'agriculture.

A Odessa, le prix moyen de l'hectolitre de blé que l'on achète pour l'exportation, n'est que de onze francs, d'où l'on doit conclure que les frais de production et de culture y sont inférieurs à ce prix.

Mais en France, le prix moyen de l'hectolitre de blé s'élève à 20 fr. et à ce prix le cultivateur n'a aucun bénéfice.

La différence de 8 ou 9 francs entre le prix du blé à Odessa et celui de France, n'est autre chose que *l'équivalent des charges de toute sorte* et des impôts que ce grain a payé en plus en France, dans les contrées voisines de la Mer-Noire.

« Il n'est aucun pays au monde où la terre soit aussi chargée qu'en France, a dit M. Thiers, ministre des finances (séance du 8 mai 1840). M. Humann, également ministre des finances, disait à la Chambre (séance du 26 mai 1841) : Il y a des départements dans lesquels on paie *cent dix* centimes additionnels au franc de la contribution. »

Il faut tirer de ces déclarations officielles la fâcheuse conclusion qu'il n'y a aucun pays au monde où le prix de revient des denrées de première nécessité coûte proportionnellement aussi cher qu'en France.

Assurément, les charges de l'agriculture sont loin d'avoir été dégrevées depuis 1840 jusqu'à présent.

Les charges de toutes sortes qui grèvent le sol foncier et la production agricole en France, et qui, par conséquent, élèvent le prix de revient des divers produits de l'agriculture et dans une proportion considérable, d'une manière factice, sont aussi le funeste résultat des erreurs et de fausses théories des économistes du XVIIIe siècle : Mirabeau père, Quesnay, Baudeau, les encyclopédistes, etc.

Suivant eux, c'est la terre ou le sol, qui est la source, l'origine de toutes les richesses; c'est par conséquent la *terre seule* qui doit être imposée, et cela d'autant mieux, que la terre ne *peut se cacher, fuir, ni échapper à l'impôt*, et que la perception est très facile (1).

Quelques instants de réflexion suffiront pour faire connaître le vide de cette théorie.

Les tableaux de Raphaël, les marbres de Pradier ou de Canova, les œuvres de Voltaire, de Châteaubriand, de M. de Lamartine, les opéras de Rossini, le télégraphe électrique, la photographie, la galvanoplastie, la lithrotitie, les machines à vapeur, les chemins de fer, etc., ne sont-ils pas aussi des richesses ? Tout cela n'est-il pas une source de revenus tout aussi réels, tout aussi certains que ceux de l'agriculture et du sol ?

Est-ce qu'une invention qui économise le temps, la main-d'œuvre et la matière, n'est pas aussi une richesse ?

(1) L'industrie ne crée rien ; le commerce n'a aucun produit véritable ; il n'est qu'échangeur. — Les produits de l'agriculture sont les seuls qui donnent un bénéfice net et réel (Dupont de Nemours).

L'agriculture est l'*Alpha* et l'*Oméga*, le commencement et la fin de toute richesse ; il n'y a rien qui n'en vienne (Idem).

Donner à un kilogramme d'acier qui vaut 3 fr., une valeur de 2 ou 3,000 fr., en le convertissant en aiguilles, n'est-ce pas là une création de richesses?

Le propriétaire, qui encaisse en même temps les dividendes de ses actions de la banque et les loyers de ses maisons, ou les fermages de ses biens ruraux, trouve-t-il que les écus des uns ont moins de valeur que ceux des autres? Toutes ces richesses là ne sont-elles point analogues, identiques?

Le sol n'est donc pas la source unique de toutes les richesses; il y a, par conséquent, d'autres éléments de la fortune publique qui doivent aussi concourir, avec le sol, à supporter les charges de l'Etat, contribuer pour leur quote-part aux dépenses d'utilité générale, d'entretien des voies de communication, au maintien de l'ordre et de la sécurité, qui assure le repos et le bien-être de tous, protègent la propriété, quelle qu'en soit la nature, l'espèce et la forme.

Mais les fausses théories des anciens économistes n'en ont pas moins eu des conséquences très fâcheuses.

Tandis qu'on a exonéré, affranchi de tout impôt le revenu mobilier, les capitaux, les rentes, etc., on a beaucoup trop chargé la terre; de cette manière on a élevé *artificiellement le prix coûtant de toutes les productions de notre sol et même des denrées de première nécessité pour la vie;* enfin de toutes les *matières premières* nécessaires à l'agriculture et à l'industrie. Il est résulté de là: qu'il a fallu élever aussi le taux des salaires et de la main-d'œuvre de l'ouvrier, qui exige avec raison que son travail suffise pour le nourrir lui et sa famille; d'où il suit que le prix coûtant de tous nos produits, soit bruts, soit manufacturés, est beaucoup plus élevé en France que chez nos voisins; cette cherté *factice* est cause que nos industriels ne peuvent plus lutter avec avantage sur les marchés étrangers, ni soutenir la concurrence des prix.

On se rappelle les enquêtes industrielles et commerciales faites, il y a quelques années, par le Gouvernement et les Chambres,

N'a-t-on pas entendu les chefs de nos principaux établissements manufacturiers venir déclarer publiquement qu'ils ne pourraient plus lutter contre la concurrence étrangère, qui produit à meilleur marché que nous et qui menace à chaque instant de faire irruption sur notre territoire, malgré nos légions de douaniers ?

Pour soutenir une concurrence déjà presque impossible, un trop grand nombre de nos fabricants et de nos industriels ont recours à la fraude ; ils sont obligés de tromper, de *tricher* sur la qualité, sur le poids et la mesure des produits qu'ils envoient à l'étranger, de telle sorte que les marchandises françaises sont tombées en discrédit, repoussées, ou du moins acceptées avec défiance par le commerce étranger.

Les charges de toute nature qui pèsent sur le sol, sur les matières premières, sur les denrées, et par suite sur le travail et la main-d'œuvre, viennent donc, en définitive, s'accumuler et peser de tout leur poids sur toutes nos productions agricoles et manufacturières. Par suite de cet état de choses, le Gouvernement s'est vu forcé, pour conserver au pays certaines industries importantes, de les indemniser, de les soutenir par des *droits protecteurs*, par des primes d'exportation, et en d'autres termes, de restituer à ces industries l'équivalent de ce qu'elles ont payé de trop en impôts sur les matières premières et les produits de l'agriculture.

N'eût-il pas été plus simple d'exonérer les denrées de première nécessité, les matières premières de l'agriculture et de l'industrie ?

En bonne économie politique, l'État doit demander à l'emprunt, de préférence à l'impôt, l'argent dont il a besoin, parce qu'il s'adresse alors à des capitaux libres, oisifs ou superflus.

Par les mêmes motifs aussi, l'impôt doit frapper non point sur les matières premières qui sont l'*âme* du travail, l'aliment de toutes les industries, mais bien sur les produits manufacturés, suivant leur valeur, leur importance, etc.

Nonobstant l'élévation progressive du prix des salaires et de toutes les denrées, le blé, dit M. Costaz, est celui dont le prix a eu le plus de fixité. La découverte du Nouveau-Monde, qui amena en Europe une quantité si considérable de métaux précieux, n'exerça sur ce prix qu'une action assez faible, si on la compare à celle que ressentirent les marchandises d'une autre nature. La dépréciation de l'argent ayant été dans la proportion de 4 à 1, il était naturel que le blé se vendît en raison de cette dépréciation : c'est ce qui n'est point arrivé.

Dans un rapport fait à la Chambre des députés par M. Humann, sur les recettes du budget de 1832, on trouve à ce sujet un calcul curieux. Après avoir pris, pour effectuer ce calcul, le prix du blé pendant les douze années antérieures à 1786 et 1830, il établit qu'il faudrait aujourd'hui 1 fr. 31 c. pour se procurer l'équivalent de ce qu'on obtenait avec 1 fr., à la première de ces époques.

Quoi qu'il en soit de cette assertion, il reste certain que la valeur des céréales n'a pas augmenté autant que celle des autres denrées.

Dans un rapport présenté aux Chambres, sur le projet de loi des céréales, session de 1832, M. le baron Ch. Dupin a présenté le tableau suivant, d'où il résulte que depuis un siècle le prix du froment s'est élevé exactement dans la même proportion que le prix des salaires :

ÉPOQUES DE 30 ANS.	DE 1730 A 1760.	DE 1760 A 1790.	DE 1800 A 1830.
	f. c.	f. c.	f. c.
Prix moyen de l'hectolitre de froment.	11 33	14 75	21 15
Prix moyen de la journée	» 60	» 80	1 15
Nombre de journées nécessaires pour gagner un hectolitre de blé	19 »	18 40	18 30

Dans une question aussi grave et aussi importante que celle des subsistances, et qui touche de si près la sécurité, le bien-être et la prospérité publiques, l'intervention éclairée, intelligente de l'administration supérieure, est indispensable.

Elle doit avoir pour but :

De diriger les efforts de l'agriculture vers les moyens de rendre la production du blé plus abondante, moins coûteuse, et en même temps suffisamment lucrative pour le cultivateur;

Produire du blé à bon marché, en quantité toujours suffisante et avec bénéfice, voilà le but qu'il faut atteindre;

Augmenter la surface du terrain cultivé en blé, améliorer et fertiliser le sol, voilà pour la quantité.

Quant à la production économique ou à bon marché, les méthodes et les instruments perfectionnés auront pour résultat immédiat de diminuer les frais de culture, c'est-à-dire le prix coûtant du blé, et d'en accroître la quantité; mais il est indispensable, en outre, de diminuer les charges qui pèsent sur le sol, sur les matériaux, sur la main-d'œuvre des travailleurs, qui sont employés à la production du blé; car ces charges augmentent d'une manière factice le prix coûtant, non seulement du blé, mais encore celui de *tous* les produits manufacturiers de notre industrie, par suite de l'augmentation obligée des salaires.

Quelles que soient les charges qui pèsent sur le sol et sur l'agriculteur, il ne faut pas moins que celui-ci vive lui et sa famille, qu'il retire de son travail un salaire et un certain bénéfice. Il vendra donc son blé cher s'il lui coûte cher, et c'est, en définitive, le consommateur, l'ouvrier, qui supporteront la plus grande partie de ces charges. Toutefois, l'état de gêne habituel du petit cultivateur qui attend après sa récolte pour payer son fermage, ses impôts et les dettes qu'il a contractées pendant le cours de l'année, l'obligent à vendre immédiatement après la récolte, quelque minime que soit le taux de la mercuriale. La marchandise est offerte de tous les côtés, au rabais, par le producteur lui-même, et il en résulte, dans les années d'abondance surtout, une dépréciation considérable dans la valeur des grains, une perte sérieuse pour le producteur, souvent sans avantages pour le consommateur, et qui ne profite en définitive qu'à des intermédiaires inutiles et même nuisibles.

Le premier, le plus impérieux devoir de l'administration supérieure, c'est donc d'employer tous les moyens qui sont à sa disposition, pour atténuer les variations excessives du prix des grains, pour le régulariser, le maintenir à un taux uniforme, modéré, basé sur les frais de production, et suffisant pour indemniser le cultivateur de ses dépenses.

Parmi ces moyens, nous indiquerons plus particulièrement les suivants :

1° Traiter directement avec les cultivateurs pour la fourniture, pendant dix ans, de tous les grains nécessaires à l'approvisionnement de l'armée, des hospices, des prisons, des maisons religieuses, d'éducation, etc., à un prix *moyen unique*, suffisant pour couvrir le producteur de ses frais.

En traitant avec les producteurs eux-mêmes, l'administration obtiendra des conditions plus avantageuses : elle mettra pour ainsi dire les cultivateurs en demeure d'augmenter l'étendue de leurs cultures et de les améliorer ; elle évitera l'intermédiaire, toujours fort onéreux, des marchands de grains, et surtout l'agiotage des spéculateurs, qui fait presque tout le mal dans les années de cherté.

Quel est le cultivateur qui n'accepterait pas avec joie la proposition de vendre, par avances, à un bon prix, la totalité de sa récolte ?

2° Mettre en réserve des blés d'une année pour l'année suivante.

Bien que la conservation du blé pendant plusieurs années de suite ne présente point de bénéfices au spéculateur, il n'en est pas de même des réserves de grain conservés seulement d'une année à la suivante ou pendant 2 années.

Le Gouvernement doit aider, encourager ces dernières opérations, qui sont de nature à rassurer, à calmer le pays, à lui venir en aide et à le mettre à l'abri d'une pénurie momentanée.

Comme c'est l'état de gêne et de misère de l'agriculteur qui le forcent, le plus souvent, à vendre son blé au-dessous du prix qu'il lui coûte, pourquoi l'agriculteur honnête et solvable ne trouverait-il pas dans les institutions de crédit mobilier, les comptoirs d'escompte, à la banque même, les capitaux dont il a besoin, à un taux modéré d'intérêt, à la charge de déposer ses blés dans les magasins publics, comme l'a proposé le comte Abel

Hugo, ou même de les garder en consignation dans ses propres greniers jusqu'après la récolte de l'année suivante. Les avantages de la consignation des grains dans les greniers mêmes du producteur, ont été énumérés en détail par un habile agriculteur, M. Briaune, dans une communication très intéressante faite par lui au Congrès central de l'Agriculture, 8e session. — On peut demander, dit M. Briaune, pour la consignation des grains au domicile du cultivateur, des dispositions législatives qui, en réservant le privilége des propriétaires, permettent aux cultivateurs d'escompter le prix de leurs marchandises à vendre, en offrant des garanties aussi précieuses que celles du commerçant et une moralité tout aussi réelle, tout aussi grande. Le Congrès a émis le vœu « Que le Gouvernement, dans le but de favoriser les réserves privées de grains à l'aide de la consignation, fasse procéder à l'étude des dispositions législatives spéciales à la consignation des grains et des denrées agricoles. »

3e Favoriser par tous les moyens possibles la consommation, le débit et l'exportation de l'excédant des récoltes des grains. C'est surtout par le manque de débouchés, par l'encombrement et l'avilissement des prix qui en est la suite, que l'abondance devient une véritable calamité pour le producteur, parce que l'administration supérieure a toujours négligé de prendre des mesures pour tirer un parti avantageux de l'excédant de la consommation, pour en faciliter l'exportation, le commerce et l'échange avec les nations étrangères.

En supposant même que tous les pays de l'Europe eussent une récolte surabondante, on trouverait toujours dans une partie du monde ou l'autre, dans l'Inde spécialement, un débouché avantageux et certain.

Chaque année, à l'époque de la moisson, le commerce n'a sur l'état des récoltes de blé que des données incertaines et contradictoires, qui ne lui permettent pas de savoir à temps s'il doit acheter ou vendre. C'est seulement 3 ou 4 mois après la moisson, lorsque les cours réguliers des prix du blé se sont établis, que le commerce peut savoir à peu près et d'une manière bien vague, ce qu'il convient de faire.

Mais alors, si nous avons besoin de tirer des grains de l'étranger, le temps presse, la disette menace, la spéculation et l'agiotage s'en mêlent; on achète à la hâte, à tout prix, trop ou trop peu, au hasard, sans avoir des renseignements précis ou suffisants.

S'agit-il au contraire d'exporter le superflu de la récolte, le commerce prévenu trop tard n'est pas en mesure; il est devancé sur les marchés étrangers par d'autres nations.

Rien ne serait plus facile à l'administration que d'être instruite, à l'époque même de la moisson, du chiffre exact de la quantité de blé récolté, de savoir s'il y a excès ou insuffisance. Il suffirait pour cela de désigner, au sort, dans chaque canton, trois ou quatre pièces de terre ensemencées en blé, d'en faire couper deux ares, de battre immédiatement, mesurer et peser le grain, et de faire constater toutes ces opérations par procès-verbal authentique. Quatre ou cinq cents hectares traités de cette manière, sur tous les points du territoire, donneraient certainement une très grande approximation de la vérité. Réunis aux préfectures, centralisés à Paris et portés immédiatement à la connaissance du public, ces documents précieux mettraient le Gouvernement, le commerce et les consommateurs à même de prendre, à temps, les mesures les plus convenables à leurs intérêts.

Après que le chiffre des récoltes aura été officiellement reconnu, l'administration supérieure devra favoriser par tous les moyens qui sont en son pouvoir, la conservation, la consommation et surtout l'exportation du superflu, soit par des farines, soit par des réductions des prix de transport sur les chemins de fer, les canaux, et même au besoin par la marine de l'État.

Ce serait une chose très avantageuse pour le pays que d'encourager particulièrement le commerce et l'exportation des farines, biscuits, pâtes alimentaires confectionnées, afin de conserver pour nous les issues et le bénéfice de la main-d'œuvre.

C'est donc en procurant, en ouvrant à l'agriculture de nombreux débouchés pour ses procédés, en lui indiquant les localités où la marchandise est demandée, en facilitant le commerce, les transports à prix réduits, et surtout l'exportation du superflu de nos récoltes, que le Gouvernement peut venir puissamment au secours de l'agriculture, et empêcher ces variations excessives des prix, qui sont un fléau pour l'agriculteur, tout aussi bien que pour le consommateur.

L'agriculture produit trop! avons-nous entendu dire, un jour, à un ministre de l'agriculture (1).

Les murmures et l'improbation universelle qui ont accueilli cette étrange doctrine, exprimèrent suffisamment qu'il ne fallait point accuser l'agriculture, qui remplissait sa tâche, mais bien plutôt l'inhabilité du ministre et l'imprévoyance de l'administration, qui n'avaient su prendre aucunes mesures pour venir en aide aux cultivateurs, obligés à vendre leurs produits à tout prix, ni chercher quelques débouchés ou des moyens de tirer un parti quelconque du superflu de plusieurs récoltes très abondantes.

Le grand problème de l'économie politique, c'est moins de faire produire que de faire consommer, de faire vendre. La production s'élèvera toujours au niveau des besoins de la consommation et de la demande.

Les mesures administratives ayant pour but de faciliter la vente et l'exportation à l'étranger de l'excédant de nos récoltes, aurait donc l'avantage d'étendre et d'accroître la production nationale, de la rendre toujours suffisante pour les besoins de la consommation du pays. Elles auraient en outre pour résultat de diminuer et d'atténuer les variations excessives et si funestes du prix des blés, et de le rendre aussi égal, aussi uniforme que possible, et de le maintenir constamment à un taux modéré, sans doute, mais en harmonie avec le prix des autres produits naturels ou manufacturés, et suffisant pour que le producteur retire de ses travaux une juste et légitime rémunération.

Eh! quand même pour obtenir en France une production toujours suffisante de blé, les sacrifices de l'Etat (2) devraient s'élever à la somme de 15 à 20 millions, montant de la valeur de l'importation annuelle des blés étrangers, le pays y gagnerait encore, puisque au moins le numéraire n'en sortirait pas et qu'il serait employé plus avantageusement à donner du travail à nos propres ouvriers et à les nourrir.

(1) Syrias de Marynhac.

(2) Il ne faudrait pas se méprendre sur le caractère de l'intervention que nous réclamons de la part de l'Etat.

Ce ne sont point des pénalités, des mesures coërcitives ou attentatoires à la liberté, que nous demandons, mais seulement une impulsion intelligente, une direction éclairée et un appui bienveillant.

Lorsqu'une nation produit, dit M. de Dombasle (1), elle ne paie pas à d'autres le prix de production : elle le paie à elle-même; en sorte qu'elle acquiert la possession de l'objet produit et en conserve le prix, tandis qu'en achetant cet objet à d'autres elle n'en acquiert la possession qu'en perdant la valeur de l'objet qu'elle donne en échange d'une assistance purement officieuse.

Ainsi, par exemple, 1º ce ne sont pas de simples particuliers qui pourront jamais recueillir des documents exacts et précis sur l'état des récoltes dans l'ensemble du pays, savoir quel est le chiffre du déficit ou de l'excédant, soit dans un département, soit dans diverses parties de l'Europe ou du monde.

C'est le devoir de l'administration supérieure de recueillir elle-même ces informations et de les porter au plus tôt à la connaissance du commerce et des intéressés, afin qu'ils puissent prendre à temps les mesures convenables.

2º Le sous-sol de la France renferme dans un grand nombre de localités, à une petite profondeur, des gisements de marne ou d'autres amendements très précieux pour l'agriculture. Des recherches de cette espèce, faites isolément et au hasard, par quelques particuliers, seraient sans résultats importants; mais un travail d'ensemble de sondages superficiels entrepris par toute la France, feraient découvrir de nouvelles richesses minérales, abondantes et susceptibles d'accroître prodigieusement la fertilité de notre sol.

3º L'État distribue aujourd'hui des primes et des récompenses pour l'élève des bestiaux, l'amélioration des races, etc.; ne pourrait-il pas, de même, provoquer et encourager l'emploi des machines à semer, à battre, à faucher, à faner, à moissonner? Ne pourrait-il pas louer ou prêter ces machines aux agriculteurs, comme cela se pratique pour certains animaux destinés à la reproduction?

4º Pour encourager les cultivateurs à conserver une partie de leurs grains en réserve, jusqu'à l'année suivante, ne pourrait-on pas leur accorder, comme aux autres négociants, la faculté de trouver des fonds dans les banques ou institutions de crédit

(1) Annales de Roville, t. V, p. 405.

mobilier, sur leurs grains, en consignation dans des magasins publics ou même dans leurs propres greniers ?

5° Les orages, la grêle détruisent chaque année, soit dans un lieu, soit dans un autre, une partie des récoltes des blés, et par suite la fortune d'un certain nombre de cultivateurs.

Une assurance mutuelle générale, pour toute la France, sous le patronage de l'Etat, serait un grand bienfait pour l'agriculture, une nouvelle providence, que ne pourront jamais remplacer des compagnies privées de spéculateurs intéressés.

6° Enfin, pour atténuer les excessives variations annuelles du prix du blé, diminuer l'agiotage et supprimer l'intermédiaire onéreux des spéculateurs; ne serait-il pas très avantageux pour l'Etat de traiter directement avec les propriétaires, cultivateurs et les fermiers, pour la fourniture, à un prix *unique moyen*, pour six à dix années, des grains destinés aux approvisionnements de l'armée, des hospices et des divers établissements publics ?

7° Enfin, l'un des principaux arguments que l'on a invoqués en faveur de la conservation de nos colonies, pour frapper de droits excessifs la fabrication indigène du sucre, c'est que le commerce avec les colonies occupe et alimente notre marine et forme nos marins.

Est-ce que l'exportation habituelle, hors de l'Europe, aux Indes par exemple, de l'excédant de nos récoltes en blé, ne serait pas de même un moyen excellent d'instruire, d'occuper et de développer notre marine ?

8° Tel est, en peu de mots, le caractère de l'intervention et des améliorations que nous demandons à l'Etat, et que des efforts individuels, isolés, ne sauraient jamais réaliser. De l'assistance intelligente, de la protection éclairée, qu'il est de son devoir d'accorder à la première, à la plus importante de nos industries, à l'agriculture nationale.

CHERBOURG. — AUGUSTE MOUCHEL, IMP.-LIBR.

7

www.ingramcontent.com/pod-product-compliance
Ingram Content Group UK Ltd.
Pitfield, Milton Keynes, MK11 3LW, UK
UKHW021519260726
13993UKWH00004B/1776

9 782329 245553